EMBARAZO PROLONGADO

Manual para Matronas y Enfermeras

Mª José Barbosa Chaves

Servando J. Cros Otero

Estefanía Castillo Castro

© Autores: Mª José Barbosa Chaves, Servando J. Cros Otero, Estefanía Castillo Castro.

© por los textos: Gustavo A. Silva Muñoz, Mª Luisa Alcón Rodríguez, Patricia Álvarez Holgado, Mª José Chaves Velazquez, Raquel Flor Astorga.

27 de Octubre de 2012

TITULO: EMBARAZO PROLONGADO. Manual para Matronas y Enfermeras.

ISBN: 978-1-291-15378-1

1ª Edición

Impreso en España / Printed in Spain

Publicado por Lulú

INDICE

CAPÍTULO 1: 7

INTRODUCCIÓN

Autores: Servando J. Cros Otero, Gustavo A. Silva Muñoz, Mª Luisa Alcón Rodríguez

CAPÍTULO 2: 9

FACTORES ETIOLÓGICOS

Autores: Estefanía Castillo Castro, Patricia Álvarez Holgado, Gustavo A. Silva Muñoz

CAPÍTULO 3: 19

CAMBIOS FISIOLOGICOS

Autores: Mª José Barbosa Chaves, Mª Luisa Alcón Rodríguez, Patricia Álvarez Holgado

CAPÍTULO 4: 22

DIAGNOSTICO

Autores: Servando J. Cros Otero, Gustavo A. Silva Muñoz, Mª Luisa Alcón Rodríguez

CAPÍTULO 5: 24

PROBLEMÁTICA ACTUAL DEL EMBARAZO PROLONGADO

Autores: Estefanía Castillo Castro, Mª José Barbosa Chaves, Patricia Álvarez Holgado

CAPÍTULO 6: 28

EVALUACIÓN FETAL

Autor es: Mª José Chaves Velazquez, Mª José Barbosa Chaves, Raquel Flor Astorga

CAPÍTULO 7: 31

ROL DE LA MATRONA. RESUMEN DE LA CONDUCTA RECOMENDADA

Autor es: Mª José Barbosa Chaves, Miriam Orellana Reyes, Miriam Zapata Valera.

BIBLIOGRAFÍA

Capitulo 1

INTRODUCCION

La SEGO define el embarazo a termino como aquella gestación comprendida entre las 37 (259 días) y las 42 semanas (294 días) y *embarazo prolongado* aquel que dura más de 42 semanas (>294 días) o 14 días después de la fecha probable de parto(FPP).

Esta definición está avalada por el Colegio Americano de Ginecólogos y Obstetras (ACOG), la OMS y la FIGO(the International Federation of Gynecology and Obstetrics).

Ballantyne fue el primero en describir el problema del embarazo prolongado, en 1902, en los términos de la obstetricia moderna. Cuestionó la habilidad de la placenta para proporcionar el sostén necesario al feto, que ha estado mucho tiempo en el ambiente intrauterino. También aseguró que el infante pos maduro ha permanecido mucho tiempo in útero, y plantea problemas para su nacimiento en relación con su propia seguridad y la de su madre.

Campbell et al. compararon 65.796 embarazos en Noruega mayores o iguales a 42 semanas con

379.445 nacimientos al término (37 a 41 semanas) y concluyeron que la prolongación del embarazo estuvo asociada con el incremento significativo en resultados adversos.

- El compromiso fetal fue mayor en fetos pequeños para la edad gestacional,
- mientras que la distocia de hombros, disfunción del trabajo de parto, trauma obstétrico y hemorragia materna fueron más comunes en fetos grandes para la edad gestacional.

Clausson et al. evaluaron una base sueca de embarazos a término y pos término, con neonatos normalmente formados, y mostraron que el embarazo prolongado estaba asociado con el aumento en la frecuencia de convulsiones neonatales, síndrome de aspiración de meconio y valores de Apgar menor de 4 a los 5 minutos. De nuevo la morbilidad en los pequeños para la edad gestacional pos término fue mayor que en los de adecuado peso para la edad gestacional.

Según un estudio realizado por **Smith**, en el que se analizó el riesgo de muerte perinatal a diferentes edades gestacionales, las de 38 semanas estuvieron asociadas con el menor riesgo.

Capitulo 2

FACTORES ETIOLÓGICOS

La causa más frecuente del embarazo prolongado es un cómputo erróneo al calcular la posible fecha de la ovulación y la concepción lo que lleva a situar en embarazo en una fecha anterior.

Si bien la ovulación ocurre alrededor de 14 días después del primer día de la menstruación, no son raras las ovulaciones tardías, esto puede dar lugar a errores en el cómputo de la fecha de ovulación y concepción.

Alrededor del 7% de los bebés nacen en la semana 42 o más tarde.

Hay mujeres que tienden a tener embarazos más largos. Se desconoce la causa. Lo que la ciencia sabe es que una mujer que ha tenido un embarazo prolongado tiene mayor probabilidad de volver a repetirse en posteriores embarazos.

Salvo error de la fecha de última regla, los factores etiológicos son poco conocidos, se puede considerar un marco multifactorial.

Factores de riesgo reconocidos son:

- la obesidad
- el antecedente de embarazo prolongado en gestaciones previas.
- Edad materna

> Zweidling mujeres con un embarazo prolongado anterior tienen 50% de posibilidad de tener otro embarazo prolongado. Bakketeig(1991) estableció que si el primer embarazo había sido prolongado la posibilidad de recurrencia aumenta al 27%.

La etiología del embarazo prolongado no ha sido dilucidada. Sin embargo, factores hormonales, mecánicos y fetales han sido relacionados con su génesis.

- Factor hormonal: ⇩ estrógenos y progesterona
- Factor mecánico: ⇩ volumen uterino, que impide o retrasa el inicio del trabajo de parto.
- Factor fetal: fetos anencefálicos tienden a prolongar su gestación, lo que se explica por los bajos niveles de cortisol, secundario a la insuficiencia suprarrenal provocada por la ausencia de hipófisis.

El proceso normal del parto envuelve la aparición de una secuencia de cambios muy compleja.

Factores que participan en el inicio del parto:

- ✓ factores miometriales
- ✓ factores endocrinos
- ✓ el feto
- ✓ la madre
- ✓ cuello uterino
- ✓ membranas ovulares, liquido amniótico y placenta

Factores miometriales:

En las ultimas semanas aumentan los receptores miometriales para la oxitocina por la acción de los estrógenos.

Tambien la distención mecánica miometrial hace que aumenten dichos receptores además de aumentar las prostaglandinas que es la responsable de que aumenten las contracciones y se modifique el cérvix. El miometrio distendido junto con la modificación del cérvix estimulan también la secreción de oxitocina en el hipotálamo.

Factores endocrinos:

- Oxitocina⇨ ⇧contracciones

- Prostaglandinas

- Relaxina:
    - Su concentración es máx. 8-12sem g producida por el cuerpo lúteo⇨ relajación del útero
    - Al final del embarazo es producida también por la placenta y decidua⇨ ablandamiento cervical
    - La acción precoz
    ⇧ nº arteriolas en el endometrio
    ⇧ leucocitos, macrófagos y neutrofilos
    ⇧ formación de citoquinas que contribuyen a los cambios que estimulan la contracctilidad uterina

Cociente estrógenos y progesterona

El embarazo es un estado hiperestrogénico. El incremento de la producción de estrógenos que se produce ya desde las primeras fases, produce las siguientes modificaciones:

- Hipertrofia de células miometriales.
- Síntesis de proteínas contráctiles del miometrio (actina, miosina, quinasas...)
- Aumento y activación de los canales de calcio.
- Descenso del umbral de excitación de la célula miometrial.
- Mejora de la transmisión del impulso contráctil de célula a célula.

Los estrógenos en sí, no promueven las contracciones uterinas, sino la capacidad de producir contracciones enérgicas y coordinadas. La progesterona aumenta el umbral de excitación celular

Bajo el dominio estrogénico, la célula miometrial es muy excitable, responde a estímulos muy pequeños

Bajo el dominio de la progesterona debe ser más intenso, ya que el umbral de excitación debe de ser más alto para producir una contracción. Pero cuando este es lo suficientemente intenso para desencadenar la contracción, este se propaga con mayor facilidad.

El estrógeno y la progesterona ⇧progresivamente en el embarazo pero a partir del séptimo mes el estrógeno sigue aumentando mientras la progesterona queda constante.

Condiciones fisiológicas que producen liberación de oxitocina

- Distención del útero en cuello y cuerpo uterino
- Estimulación mecánica del útero o de la vagina.
- Coito (estimulación del cérvix y del tercio superior de la vagina, reflejo de Ferguson-Harris provoca descargas de oxitocina mas frecuentes)
- Excitación mecánica de las mamas
- Estímulos emocionales
- Estimulación de la corteza cerebral o del hipotálamo.

Prostaglandinas

- ⇧rápidamente en liquido amniótico

- Se sintetiza fundamentalmente en amnios, decidua y miometrio

- Actúa ⇩ umbral uterino a la oxitocina
  - ⇧ receptores uterinos a la oxitocina
  - Estimula contracciones y coordinación miometrial.
- Durante la gestación se mantiene ⇩ producción evitando el parto prematuro.

- Al final de la gestación la distención, los estrógenos, la oxitocina, la relaxina estimulan su formación y contribuiría al desencadenamiento y mantenimiento del parto.

- La acción de la oxitocina no es eficaz si no va seguida de un ⇧ prostaglandinas.

El feto

- ⇧ sustancias excretadas por el feto maduro al liquido amniótico

- ⇧ progresivo de la síntesis dihidroandrosterona por suprarrenal fetal ⇨ ⇧ estrógenos

- Producción de oxitocina por parte del feto en hipoxia fetal de cualquier origen y en compresión de la cabeza fetal.

- Cortisol de origen fetal⇨ sint prostaglandinas.

Cuello uterino: Su estimulación y/o despegamiento de las membranas ovulares⇨⇧prostaglandinas (maniobra de Hamilton).

Decidua: (no es contractil) tiene receptores de oxitocina ⇨estimulan la liberación y metabolismo del Ac araquidónico ⇨síntesis de prostaglandinas.

Amnios:= decidua y además es capaz de recibir la "señales" del feto

- Prostaglandinas producidas por el riñón fetal maduro

- Formación de Factor Activador de Plaquetas(PAF) por el pulmón fetal maduro⇨⇧metab a. araquidonico

- Factor de crecimiento epitelial y factor de transformación del crecimiento.

Además la decidua y el amnios como cualquier otro tejido responden al traumatismo (distención de fibras musculares)⇨lib de prostaglandinas.

Placenta:

- órgano que sintetiza la proteína del embarazo1 (SP1)⇨facilita la tolerancia inmunológica del huevo durante la gestación, se ha detectado que ⇩al final del embarazo.
- Síntesis de estrógenos y progesterona.

Es posible que el defecto que lleva a la gestación prolongada resida en alguno de los siguientes tejidos:

- ❏ Cerebro fetal: maduración cerebral tardía. Alteraciones en el eje hipotálamo-hipófisis y glándula adrenal.

- ❏ Glándulas adrenales: hipoplasia adrenal fetal primaria congénita.

- ❏ Placenta: deficiencia de la enzima sulfatasa placentaria.

- ❏ Membranas fetales y decidua: la decidua es la principal fuente intrauterina de prostaglandina F2 alfa (PGF2á), mientras el amnios es la principal fuente de prostaglandina E2 (PGE2). La capa entre estos dos tejidos es el corion, que contiene altas concentraciones de 15 hidroxiprostaglandina deshidrogenasa. En algunos casos de embarazo prolongado se ha demostrado disminución de la actividad de esta enzima. La síntesis de PGF2á y PGE2 puede ser inhibida por agentes como los antinflamatorios no esteroideos.

Capitulo 3

CAMBIOS FISIOLOGICOS DEL EMBARAZO PROLONGADO

Cambios en el líquido amniótico

- Pico máximo a las 38 semanas y una disminución progresiva

- Volúmenes inferiores a 400 ml se asocian a complicaciones fetales como estado fetal no satisfactorio, compresión del cordón, aspiración de líquido meconiado y mal resultado perinatal. Se cree que la disminución del volumen de líquido amniótico se debe a disminución en la producción de orina fetal.

- El líquido cambia en su composición. Entre las semanas 38 y 40 se vuelve lechoso y turbio debido a la descamación del vermis caseoso.

Características placentarias

La máxima función placentaria se alcanza alrededor de las 36 semanas de gestación. Posteriormente, el proceso de transferencia placentaria declina en forma gradual y puede manifestarse en:

-Disminución de la cantidad de líquido amniótico

-Reducción de la masa placentaria, aumento de los infartos blancos y mayor depósito de fibrina y calcificaciones. La vellosidad corial demuestra ausencia de fenómenos regenerativos, edema sincicial y trombosis arterial con hialinización y degeneración.

-Y/o en un retardo o cese del crecimiento fetal. RCIU se observa en 20% de los casos, mientras que en el 80% restante, los recién nacidos son de peso adecuado o grande para la edad gestacional.

Insuficiencia placentaria

La reserva placentaria comprometida puede presentarse con :

- pobre crecimiento fetal
- pérdida de la grasa fetal y el glicógeno
- paso de meconio
- disminución de movimientos fetales
- disminución del líquido amniótico
- frecuencia cardíaca fetal no reactiva

- desaceleraciones tardías
- hipoxia y acidosis
- bajos valores de Apgar
- daño del sistema nervioso central
- muerte

Si el feto continúa creciendo, la relación placenta-feto disminuye. La eritropoyetina fetal, liberada en respuesta a la hipoxia, está aumentada en muchos embarazos prolongados. Para sobrevivir en el útero bajo estas condiciones anormales, el feto puede disminuir sus requerimientos de energía mediante dos vías :

- ◉ Primero, el feto puede disminuir su tasa de crecimiento, lo cual lleva a una pérdida de la grasa depositada y del glicógeno. Luego mostrará signos de restricción de crecimiento intrauterino y dismadurez, con piel arrugada y descamada y uñas largas. Estimación ultrasonográfica del peso estimado fetal.

- ◉ Segundo, puede parar de moverse. En muchos de estos fetos comprometidos, la bradicardia fetal con hipoxia y acidosis se desarrollan durante el trabajo de parto.

Capitulo 4

DIAGNOSTICO

El diagnóstico de embarazo prolongado está basado en el conocimiento exacto de la edad gestacional.

FUR primer día del último período menstrual, cuando es segura y confiable:

-ciclos sean regulares(tres últimos),

-que la mujer no haya tenido exposición a medicaciones que puedan alterar el ciclo (ACHO),

-ni sangrado en el primer trimestre del embarazo.

Con el uso sistemático de la **ecografía**, la edad gestacional real puede ajustarse en función de las siguientes recomendaciones:

- Si hay una diferencia mayor de dos desviaciones estándar (5-7 días) entre la edad gestacional datada por la FUR y la ecografía del primer trimestre, la FPP debe ser ajustada en base a la ecografía del primer trimestre. (A)
- Entre las 13-20 semanas, es recomendable cambiar la FPP cuando la diferencia entre la FPP calculada por la FUR y la biometría fetal sea mayor de 10 días.

- En etapas tardías del embarazo no debe realizarse la corrección de la FPP en base a las medidas ecográficas, si la edad gestacional ya ha sido establecida en etapas tempranas de la gestación. (A)

Capitulo 5

PROBLEMÁTICA ACTUAL DEL EMBARAZO PROLONGADO

Problemas maternos

La gestante que esté pasada dos semanas de su fecha probable de parto experimenta varios problemas:

- El primero es la tensión emocional de aprehensión, expectativa y ansiedad.

- El segundo se relaciona con la intervención médica en términos de evaluaciones e intentos de parto.

- Y el problema potencial final es el trauma físico que puede ser experimentado en el parto de un feto macrosómico.

Problemas en el infante

Los problemas fetales asociados con gestación prolongada pueden dividirse en dos categorías:

- Los asociados a función uteroplacentaria disminuida, resultando en oligoamnios, crecimiento fetal disminuido, paso de meconio, asfixia, y riesgo potencial de muerte fetal.

- Los asociados con función placentaria normal, resultando en crecimiento fetal, con el subsecuente riesgo aumentado de trauma durante el parto, incluyendo distocia de hombros con posible daño neurológico permanente.

Oligoamnios:

En ausencia de ruptura de membranas con pobre función placentaria o alteración en el tracto urinario fetal, los valores bajos de líquido amniótico pueden relacionarse:

Macrosomia

Se define como un peso mayor de 4.000 gr. La posibilidad de que este problema aparezca aumenta si la madre es obesa o tiene diabetes mellitus. Las consecuencias de la macrosomía incluyen: obstrucción del trabajo de parto, trauma durante el nacimiento, especialmente distocia de hombros, lesión del plexo braquial e hipoxia.

La predicción de macrosomía fetal puede ser posible por evaluación ecográfica y medida de la altura uterina. La circunferencia abdominal es la medida más importante para predecir macrosomía. Una circunferencia abdominal fetal mayor de 36 cm sugiere macrosomía (error de 10%). Una altura mayor de 40 cm en una mujer no obesa sugiere macrosomía

Conducta ante la prolongación del embarazo

Con el fin de disminuir los riesgos fetales y maternos en edades gestacionales avanzadas, se han estudiado varias estrategias, aunque no existe consenso acerca de cuál es el método de control más adecuado, ni de qué fecha debe considerarse la mas idónea para finalizar el embarazo. En la actualidad las dos opciones en el manejo del embarazo en vías de prolongación son:

- Conducta expectante con vigilancia materno-fetal y finalización de la gestación en la semana 42.

- Finalización de la gestación en la semana 41, independientemente del estado del cuello uterino.

Las opiniones están divididas entre inducir el parto, una vez que el embarazo cumpla la semana 42, o mantener una conducta expectante con estudio del bienestar fetal en espera del parto espontáneo, induciendo sólo cuando existan alteraciones de este. Hay evidencia para ambas opciones.

EMBARAZO PROLONGADO. Página 27

Capitulo 6

EVALUACIÓN FETAL

Se usa para observar cuidadosamente la seguridad del embarazo prolongado. La evaluación prenatal plantea dos contratiempos;

- Uno son los test falsos positivos que llevan a intervenciones innecesarias, que podrían ser potencialmente riesgosas para la madre.
- Y el otro es que ningún test de evaluación fetal elimina por completo la posibilidad de muerte fetal.

Conteo de movimientos fetales: debe realizarse diariamente.

Monitoría fetal: Se considera reactiva si hay dos aceleraciones de más de 15 latidos, por más de 15 segundos en un trazado de 20 minutos.

Test de oxitocina. En el embarazo prolongado, cuando el test no estresante presenta alteraciones, la realización de un test de oxitocina puede ser útil, ya que posee un buen valor predictivo negativo.

Índice de líquido amniótico (ILA): debería hacerse valoración, al menos, una vez por semana o según criterio médico. El ILA debe ser mayor de 5 cm, para indicar un volumen de líquido amniótico normal.

Perfil biofísico: Las estrategias que combinan el registro cardiotocografico externo con la medición ecográfica del liquido amniótico parecen tener una sensibilidad mayor a la hora de detectar signos de compromiso fetal.

Amnioscopia. La utilidad de la observación del color del liquido amniótico a través de las membranas ovulares esta actualmente cuestionada, ya que no esta clara la repercusión del hallazgo accidental de meconio en el liquido amniótico y además es una prueba no exenta de complicaciones.

Fluxometría Doppler. El estudio de la fluxometria doppler de la arteria umbilical no ha demostrado su eficacia para la monitorización del feto postermino y por ello, en la actualidad no se recomienda su realización de forma sistemática.

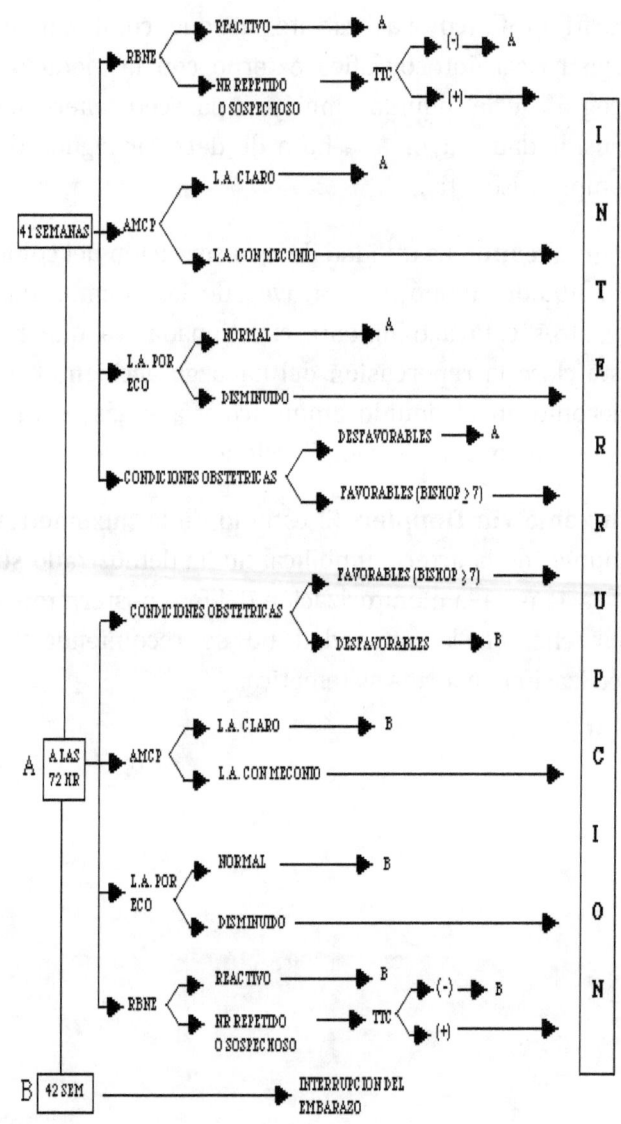

EMBARAZO PROLONGADO.

Capitulo 7

ROL DE LA MATRONA. RESUMEN DE LA CONDUCTA RECOMENDADA.

Rol de la matrona en la inducción

- Durante la maduración cervical, se comenzará la monitorización del bienestar fetal al iniciarse la dinámica uterina; una vez asegurado el bienestar fetal, la monitorización puede realizarse de forma intermitente, lo que aumentará el confort de la gestante durante el proceso.

- La evaluación del test de Bishop se llevará a cabo al aplicar el método de maduración y al retirarlo, o si aparecen signos de que haya comenzado el trabajo de parto.

- Debemos recordar la gran repercusión del apoyo físico y emocional durante la inducción del parto sobre los resultados maternos y fetales.

- El feto postermino debe ser estrictamente monitorizado, considerando el mayor riesgo de asfixia y la mayor frecuencia de meconio en el líquido amniótico.
- La incidencia de **sufrimiento fetal** puede alcanzar la tercera parte de los embarazos prolongados. La causa de esta hipoxia fetal hay que buscarla en la insuficiencia placentaria, que se manifiesta clínicamente

mediante el oligohidramnios, el meconio y alteraciones de la frecuencia cardiaca fetal.
- En embarazos prolongados la incidencia de meconio es mayor a 25%. Una complicación asociada es que el volumen de líquido amniótico disminuye, y el meconio será menos diluido, resultando en un meconio espeso que estará disponible para la aspiración del feto. El meconio espeso obstruirá el tracto respiratorio. El meconio bloquea la acción del surfactante reduciéndose la tensión superficial y así interfiere con la función pulmonar.

RESUMEN DE LA CONDUCTA RECOMENDADA

PRIMERA VISITA. GESTACIÓN EN VIAS DE PROLONGACIÓN

- Edad gestacional 41+0 (287 días).

- Valoración de la historia clínica.

- Exploración obstétrica. Valoración del test de Bishop. Maniobra de Hamilton si se considera adecuada.

- Test cardiotocografico basal.

- Evaluación del volumen de liquido amniótico.

- Información basada en que la inducción del parto a la semana 41 consigue una ligera disminución de la morbi-mortalidad perinatal.

- Para la actitud a tomar, se tendrá en cuenta: estado de bienestar fetal, condiciones de madurez cervical, circunstancias obstétricas (cesárea previa, etc.), conveniencia materna, disponibilidad asistencial del Hospital.

- Se optara por:

- Vigilancia fetal hasta la semana 42a (294 dias) con periodicidad 1-2 veces por semana.

- Inducción del parto.

SI SE OPTA POR CONTINUAR LA GESTACIÓN, EN LAS VISITAS SUCESIVAS SE REALIZARÁ:

- Revisión de la historia clínica.

- Exploración obstétrica, test de Bishop y valorar nueva maniobra de Hamilton.

- Test cardiotocografico basal.

- Evaluación del volumen del liquido amniótico.

EN TODOS LOS CASOS SE RECOMENDARA LA FINALIZACIÓN DE LA GESTACIÓN AL ALCANZAR LA SEMANA 42ª DE GESTACIÓN (294 días).

BIBLIOGRAFIA

- Gülmezoglu A, Crowther C, Middleton P. Inducción del trabajo de parto para mejorar los resultados en mujeres a término o después del término. Cochrane Database of Systematic Reviews 2011 Issue 8. Art. No.: CD004945. DOI: 10.1002/14651858.CD004945
- Zarko Alfirevic, Anthony J Kelly, Therese Dowswell. Oxitocina intravenosa sola para la maduración cervical y la inducción del trabajo de parto (Revision Cochrane traducida). En: *Biblioteca Cochrane Plus* 2009 Número 4. Oxford: Update Software Ltd.
- Protocolo de atención al embarazo prolongado. prosego.com
- Divon M. Prolonged pregnancy. Gabbe: Obstetrics-Normal and Problem pregnancies. Cuarta edición. Churchill Livingstone: 2002; 931 – 940.
- Gordon C.S Smith. Life-table analysis of the risk pf perinatal death at term and post term in singleton pregnancies. Am J Obstet Gynecol; 2001; 184(3): 489-496.

www.ingramcontent.com/pod-product-compliance
Lightning Source LLC
Chambersburg PA
CBHW072308170526
45158CB00003BA/1242